INSTRUCTION

SUR

LES PARATONNERRES.

DE L'IMPRIMERIE DE LACHEVARDIERE FILS,
SUCCESSEUR DE CELLOT, RUE DU COLOMBIER, N° 30.

INSTRUCTION

SUR LES

PARATONNERRES,

ADOPTÉE PAR L'ACADÉMIE ROYALE DES SCIENCES,
LE 23 JUIN 1823,

ET PUBLIÉE PAR ORDRE DU MINISTRE DE L'INTÉRIEUR.

A PARIS,
CHEZ F. G. LEVRAULT, LIBRAIRE,
RUE DES FOSSÉS-MONSIEUR-LE-PRINCE, N° 31,
ET A STRASBOURG, RUE DES JUIFS, N° 33.
1824.

INSTURCTION

SUR LES

PARATONNERRES.

Les accidents causés l'année dernière par la chute de la foudre sur plusieurs églises ayant déterminé son excellence le ministre de l'intérieur à réaliser le projet, conçu depuis long-temps, de garnir ces édifices de paratonnerres, elle a invité l'académie royale des sciences à rédiger une instruction dont le but principal doit être de diriger les ouvriers dans la construction et la pose des paratonnerres. La section de physique a été chargée par l'académie du soin de faire cette instruction, et aujourd'hui elle vient la soumettre à son approbation.

En cherchant, autant qu'il était en nous, à répondre aux vues de son excellence, nous avons cru devoir rappeler succinctement les principes sur lesquels est fondée la construction des paratonnerres, tant pour éclairer ceux qui seront appelés à la surveiller, que parcequ'ils ne sont pas assez connus, et qu'il est utile de les répandre. L'instruction renfermera donc deux parties, l'une théorique et l'autre pratique, mais qui seront distinctes l'une de l'autre, et qu'on pourra consulter séparément.

PARTIE THÉORIQUE.

Principes relatifs à l'action de la foudre ou de la matière électrique, et à celle des paratonnerres.

Ce que l'on appelle *la foudre* est l'écoulement subit à travers l'air, sous la forme d'un grand trait lumineux, de la matière électrique dont était chargé un nuage orageux.

La vitesse de la matière électrique en mouvement est immense; elle surpasse de beaucoup celle d'un boulet au sortir du canon, qu'on sait être d'environ 600 mètres (1,800 pieds) par seconde.

La matière électrique pénètre les corps, et s'y meut à travers leur propre substance, mais avec une rapidité très inégale.

On donne le nom de *conducteurs* aux corps qui conduisent ou laissent passer rapidement la matière électrique dans leur intérieur, à travers leurs particules : tels sont le charbon calciné, l'eau, les végétaux, les animaux, la terre en raison de l'humidité dont elle est imprégnée, les dissolutions salines, et surtout les métaux, qui sont en cela très supérieurs aux autres corps. Un cylindre de fer, par exemple, conduit, dans le même temps, au moins cent millions de fois plus de matière électrique qu'un égal cylindre d'eau pure; et celle-ci environ mille fois moins que l'eau saturée de sel marin.

Les corps qui ne laissent pénétrer que difficilement la matière électrique entre leurs particules, et dans lesquels elle ne peut se mouvoir avec liberté, sont désignés par le nom de *non conducteurs* ou de *corps isolants:* tels sont le verre, le soufre, les résines, les huiles; la terre, la pierre et la brique sèches; l'air et les fluides aériformes.

Parmi les corps conducteurs, il n'en est cependant aucun qui n'oppose quelque résistance au mouvement de la matière électrique. Cette résistance, se répétant dans chaque portion du conducteur, augmente avec sa longueur, et peut devenir plus grande que celle qu'opposerait un conducteur plus mauvais, mais d'une longueur moindre.

La matière électrique éprouve aussi plus de résistance dans un conducteur d'un petit diamètre que dans le même d'un diamètre plus considérable: on peut par conséquent suppléer à l'imperfection de la conductibilité dans les conducteurs, en augmentant convenablement leur diamètre et diminuant leur longueur. Le meilleur conducteur pour la matière électrique est celui qui, en somme, lui offre le moins de résistance, et qu'elle parcourt avec la plus grande vitesse.

Les molécules de la matière électrique sont douées d'une force répulsive en vertu de laquelle elles tendent à se fuir et à se répandre dans l'espace. Elles n'ont aucune affinité pour les corps; elles se portent en totalité vers leur surface, où elles forment une couche très mince, terminée en dehors par la surface même des corps, et n'y sont retenues que par la pression de l'air, contre lequel, à leur tour, elles exercent une pression proportionnelle, en chaque point, au carré de leur nombre. Lorsque cette dernière pression est devenue supérieure à la première, la matière électrique s'échappe dans l'air en un torrent invisible, ou sous la forme d'un trait lumineux que l'on désigne par le nom d'*étincelle électrique*.

La couche formée par la matière électrique au-dessous de la surface d'un conducteur ne renferme pas le même nombre de molécules, ou n'a pas la même densité, en chaque point de cette surface, si ce n'est sur la sphère : sur un ellipsoïde de révolution, cette densité est plus grande à l'extrémité du grand axe que sur l'équateur, dans le rapport du grand axe au petit : à la pointe d'un cône, elle est infinie. En général, sur un corps de forme quelconque, la densité de la matière électrique, et par conséquent sa pression sur l'air, sont plus grandes sur les parties aiguës ou très courbes que sur celles qui sont aplaties ou peu arrondies.

La matière électrique tend toujours à se répandre dans les conducteurs et à s'y mettre en équilibre; elle se partage entre eux en raison de leur forme et principalement de l'étendue de leur surface. Il en résulte que, si l'on fait communiquer un corps qui en soit chargé avec la surface immense de la terre, il n'en conservera pas sensiblement. Il suffit donc, pour dépouiller un conducteur de sa matière électrique, de le mettre en communication avec un sol humide.

Si, pour conduire la matière électrique d'un corps dans la terre, on lui présente divers conducteurs dont l'un soit beaucoup plus parfait que les autres, elle le préférera constamment; mais s'ils ne sont pas très différents, elle se partagera entre tous, en raison de leur capacité pour la recevoir.

Un paratonnerre est un conducteur que la matière électrique de la foudre choisit de préférence aux corps environnants pour se rendre dans le sol et s'y répandre; c'est ordinairement une barre de fer élevée sur les édifices qu'elle doit protéger, et s'enfonçant, sans aucune solution de continuité, jusque dans l'eau ou dans la terre humide. Une communication aussi intime du paratonnerre avec le sol est nécessaire pour qu'il puisse y verser instantanément la matière électrique de la foudre, à mesure qu'il la reçoit, et garantir de ses atteintes les objets environnants. On sait, en effet, que la foudre parvenue à la surface de la terre n'y trouve point un conducteur suffisant, et qu'elle s'enfonce au-dessous jusqu'à ce qu'elle ait rencontré un assez grand nombre de canaux pour s'écouler complètement. Quelquefois même elle laisse des traces visibles de son passage à plus de 10 mètres (30 pieds) de profondeur. Aussi arrive-t-il, lorsqu'un paratonnerre offre quelque solution de continuité, ou qu'il n'est pas en parfaite communication avec un sol humide, que la foudre, après l'avoir frappé, l'abandonne pour se porter sur quelque corps voisin, ou au moins qu'elle se partage entre eux, pour s'écouler plus rapidement dans le sol.

La première circonstance s'est présentée, il y a quelques années, dans les environs de Paris. Il s'était opéré par accident, dans le conducteur du paratonnerre d'une maison, une séparation d'environ 55 centimètres (20 pouces), et la foudre, après être tombée sur sa tige, perça le toit pour se porter sur une gouttière en fer-blanc.

MM. Rittenhouse et Hopkinson, dans le quatrième volume des *Transactions philosophiques américaines*, rapportent un exemple remarquable de la deuxième circonstance, ou de l'inconvénient qu'il y a à ne pas établir une communication parfaite entre le paratonnerre et le sol. La foudre avait frappé le paratonnerre, puisqu'elle avait fondu profondément sa pointe, et qu'il était évident, d'après l'inspection du terrain, qu'une portion avait pénétré dans le sol par le conducteur; mais l'autre portion, n'ayant pu s'écouler assez promptement par la même voie, ravagea le toit pour se porter de la tige du paratonnerre sur une gouttière en cuivre dont elle suivit la conduite, qui était alors pleine d'eau, et lui offrait par conséquent un écoulement facile sur la surface du sol.

Avant que la foudre éclate, le nuage orageux, par son influence, fait sortir tous les corps placés au-dessous de lui, à la surface de la terre, de leur état naturel: il attire vers leur partie antérieure la matière électrique de nature contraire à la sienne, et repousse dans le sol celle de même nature. Chaque corps est ainsi dans un état d'intumescence électrique, et devient à son tour un centre d'attraction vers lequel la foudre tend à se porter, et c'est celui par lequel passe la résultante de ces attractions particulières qu'elle frappe lorsqu'elle tombe.

Or, pour que la matière électrique développée sur un corps par l'influence de celle du nuage orageux parvienne rapidement à son *maximum*, et par conséquent aussi sa force attractive, il est indispensable qu'il soit bon conducteur, et en parfaite communication avec un sol humide.

La matière électrique développée dans les corps à la surface de la terre par l'influence du nuage orageux s'y accumule peu à peu, à mesure que le nuage s'approche de leur zénith, et diminue de même à mesure qu'il s'en éloigne. Un homme, supposé l'un de ces corps, n'éprouverait aucune sensation particulière de cette variation progressive de matière électrique, quoique pouvant être fortement électrisé; mais si le nuage se déchargeait instantanément, il pourrait recevoir, sans être frappé de la foudre, par la rentrée subite de sa matière électrique dans le sol, une très vive commotion, qui pourrait être assez forte pour le faire périr.

Dans le moment où un objet est prêt à être frappé de la foudre, il est si fortement électrisé par l'influence du nuage orageux, s'il est en parfaite communication avec un sol humide, que sa matière électrique peut s'élancer au devant de celle du nuage et faire une partie du chemin entre le nuage et l'objet. C'est sans doute ce qui a fait penser à quelques personnes, qui croient en avoir fait l'observation, que la foudre, au lieu de tomber des cieux sur la terre, s'élève quelquefois de la terre dans les cieux. Quoi qu'il en soit de cette opinion, qui ne vaut pas d'ailleurs la peine d'être discutée, la théorie et l'efficacité des paratonnerres resteraient absolument les mêmes dans chaque cas.

Dans un paratonnerre en parfaite communication avec le sol, et terminé en une pointe très aiguë, au lieu d'être arrondi, la matière électrique peut s'accumuler tellement à sa pointe, sous l'influence du nuage orageux, qu'elle ne puisse plus y être retenue par la pression de l'air, et qu'elle s'en échappe en un torrent continu, qui quelquefois devient sensible dans l'obscurité par une aigrette lumineuse à l'extrémité de la pointe, et qui doit certainement neutraliser en partie la matière électrique du nuage orageux (1).

Cependant l'attraction exercée sur la matière électrique du nuage par celle qui est répandue sur le paratonnerre terminé en pointe ne sera pas plus grande que s'il était arrondi à son extrémité; elle sera même plutôt plus petite : mais si l'écoulement de la matière électrique par la

(1) Ces feux électriques se manifestent aussi sur d'autres corps que des paratonnerres. Ils paraissent plus fréquents en mer, sur les bâtiments, que sur terre, et y sont connus sous les noms de *feux Saint-Elme*, *Castor et Pollux*, etc. Pendant de très fortes tempêtes, on en a vu quelquefois à l'une des extrémités de la grande vergue, sous la forme d'une langue de feu qui pétillait beaucoup et qui faisait entendre de temps en temps des éclats comme des pétards.

pointe peut devenir très rapide, la foudre éclatera plus tôt entre le nuage orageux et le paratonnerre, et d'une plus grande distance, que si celui-ci était arrondi à son extrémité ; c'est au moins à cette conclusion que conduisent les expériences électriques.

Ainsi la forme la plus avantageuse à donner aux paratonnerres paraît être évidemment celle d'un cône très aigu.

Toutes choses égales d'ailleurs, plus un paratonnerre s'élèvera dans l'air, plus son efficacité sera grande.

Dans les fameuses expériences de Romas, assesseur au présidial de Nérac, et dans les expériences plus récentes de Charles, qui consistaient à élever un cerf-volant sous un nuage orageux, à la hauteur de deux à trois cents mètres, la corde du cerf-volant, dans laquelle était entrelacé un fil métallique, et qui était terminée par un cordon de soie, amenait à la surface de la terre un courant électrique si considérable qu'il en était effrayant, et qu'il eût été imprudent de s'y exposer (1). Or, l'action d'un paratonnerre

---

(1) L'expérience de Romas est si curieuse et si importante pour montrer l'efficacité des paratonnerres, que nous croyons utile de la rapporter.

« Le cerf-volant avait sept pieds et demi de hauteur et trois de largeur. La corde était une ficelle de chanvre dans laquelle

sur la matière électrique d'un nuage orageux étant la même, à l'énergie près, que celle d'un cerf-volant, plus il s'élèvera dans l'air, plus son efficacité sera grande, non seulement pour dé-

---

était entrelacé un fil de fer, et M. de Romas l'ayant terminée par un cordon de soie sec, il mit l'observateur, par une disposition particulière de son appareil, en état de faire toutes les expériences qu'il jugea à propos, sans courir aucun danger pour sa personne.

» Au moyen de ce cerf-volant, le 7 juin 1753, vers une heure après midi, après qu'il l'eut élevé à cinq cent cinquante pieds de terre au moyen d'une corde de sept cent quatre-vingts pieds de long, qui faisait un angle de près de quarante-cinq degrés avec l'horizon, il tira de son conducteur des étincelles de trois pouces de longueur et trois lignes d'épaisseur, dont le craquement se fit entendre de près de deux cents pas. En tirant ces étincelles, il sentit comme une espèce de toile d'araignée sur son visage, quoiqu'il fût à plus de trois pieds de la corde du cerf-volant; sur quoi il ne crut pas qu'il y eût de la sûreté pour lui de rester si proche, et il cria à tous les assistants de se retirer, et lui-même s'éloigna d'environ deux pieds.

» Se croyant alors en sûreté, et n'ayant plus personne auprès de lui, il porta son attention sur ce qui se passait dans les nuages qui étaient immédiatement au-dessus du cerf-volant; mais il n'aperçut d'éclair ni là, ni nulle autre part, ni même le moindre bruit de tonnerre, et il ne tomba point du tout de pluie. Le vent, qui venait de l'ouest et était assez fort, éleva le cerf-volant de cent pieds au moins plus haut qu'auparavant.

» Ensuite, jetant les yeux sur le tube de fer-blanc qui était attaché à la corde du cerf-volant, et à environ trois pieds de terre, il vit trois pailles, dont une avait près d'un

fendre de la foudre les objets environnants, mais encore pour soutirer la matière électrique du nuage orageux et le paralyser.

La distance à laquelle un paratonnerre étend

---

pied de longueur, la seconde quatre à cinq pouces, et la troisième trois ou quatre pouces, se lever toutes droites, et former une danse circulaire comme des marionnettes sous le tube de fer-blanc et sans se toucher l'une l'autre. Ce petit spectacle, qui réjouit beaucoup plusieurs personnes de la compagnie, dura près d'un quart d'heure; après quoi, quelques gouttes de pluie étant tombées, il sentit encore la toile d'araignée sur son visage, et en même temps il entendit un bruit continu, semblable à celui d'un petit soufflet de forge. Ce fut un nouvel avertissement de l'accroissement de l'électricité; et dès le premier instant que M. de Romas aperçut sauter la paille, il n'osa plus tirer aucune étincelle, même avec toutes ses précautions, et il pria de nouveau les spectateurs de s'éloigner encore davantage.

» Immédiatement après arriva la dernière scène, et M. de Romas avoua qu'elle le fit trembler. La plus longue paille fut attirée par le tube de fer-blanc. Sur quoi il se fit trois explosions dont le bruit ressemblait fort à celui du tonnerre. Quelqu'un de la compagnie le compara à l'explosion des fusées volantes, et d'autres au bruit que ferait une grande jarre de terre en se brisant contre un pavé. Il est certain qu'on l'entendit du milieu de la ville, malgré les différents bruits qui s'y faisaient.

» Le feu qu'on aperçut à l'instant de l'explosion avait la figure d'un fuseau de huit pouces de long et cinq lignes de diamètre; mais la circonstance la plus étonnante et la plus amusante, fut que la paille qui avait occasioné l'explosion suivit la corde du cerf-volant. Quelqu'un de la compagnie la vit, à

efficacement sa sphère d'action n'est pas connue exactement, et dépend d'ailleurs de beaucoup de circonstances qu'il serait difficile d'apprécier; mais, depuis qu'on en a armé des édifices, plusieurs

---

quarante-cinq ou cinquante brasses de distance, attirée et repoussée alternativement, avec cette circonstance remarquable, qu'à chaque fois qu'elle était attirée par la corde, on voyait des éclats de feu, et on entendait des craquements qui n'étaient cependant pas si éclatants que dans le moment de la première explosion.

» Il faut remarquer que, depuis le temps de l'explosion jusqu'à la fin des expériences, on ne vit point du tout d'éclair, et à peine entendit-on du tonnerre. On sentit une odeur de soufre fort approchante de celle des écoulements électriques lumineux qui sortent du bout d'une barre de métal électrisée. Il parut autour de la corde un cylindre lumineux de trois à quatre pouces de diamètre; et comme c'était pendant le jour, M. de Romas ne douta pas que, si c'eût été pendant la nuit, cette atmosphère électrique n'eût paru de quatre à cinq pieds de diamètre. Enfin, après que les expériences furent terminées, on découvrit un trou dans le terrain, précisément sous le tuyau de fer-blanc, d'une grande profondeur et d'un demi-pouce de largeur, qui probablement fut fait par les grands éclats qui accompagnèrent les explosions.

» Ces expériences remarquables finirent par la chute du cerf-volant, attendu que le vent passa tout d'un coup à l'est, et qu'il survint une pluie très abondante mêlée de grêle. Lorsque le cerf-volant tomba, la corde s'accrocha sur un auvent, et elle ne fut pas sitôt dégagée, que celui qui la tenait éprouva un tel coup à ses mains, et une telle commotion dans tout son corps, qu'il fut obligé de la lâcher, et la corde tombant sur les

observations ont appris que des parties de ces édifices qui se sont trouvées à une distance de la tige du paratonnerre de plus de trois à quatre fois sa longueur ont été foudroyées. On estime, et c'était l'opinion de Charles, qui s'était beau-

---

pieds de quelques autres personnes, leur donna aussi un coup, mais bien plus supportable.

» La quantité de matière électrique que ce cerf-volant tira une autre fois des nuées est réellement étonnante. Le 28 août 1756, on en vit sortir des courants de feu d'un pouce d'épaisseur et dix pieds de longueur. Cet éclat surprenant, qui aurait peut-être produit des effets aussi pernicieux qu'aucun dont il soit fait mention dans l'histoire, fut conduit avec sécurité, par la corde du cerf-volant, à un conducteur placé tout auprès, et le bruit en fut égal à celui d'un pistolet. » (*Histoire de l'électricité*, par Priestley, tome II, page 205, traduction française.)

Charles, qui a fait des expériences semblables à celles de Romas, mais en bien plus grand nombre, a obtenu quelquefois des effets plus extraordinaires encore, et il ne doutait pas, comme il le disait, qu'il n'eût désarmé le nuage orageux.

On ne peut douter, d'après ces observations, que des paratonnerres placés sur des tours très élevées, comme celle de Strasbourg, qui a quatre cent trente-sept pieds de hauteur, ne soutirassent une grande quantité de matière électrique des nuages orageux, et ne prévinssent même la chute du tonnerre. Il est même permis de croire que si de semblables paratonnerres étaient très multipliés sur la surface entière de la France, ils ne prévinssent aussi la formation de la grêle, qui, d'après les observations de Volta, paraît être un véritable phénomène électrique.

coup occupé de cet objet, qu'un paratonnerre peut défendre efficacement autour de lui des atteintes de la foudre un espace circulaire d'un rayon double de sa hauteur, et c'est d'après cette règle qu'on dispose les paratonnerres sur les édifices.

Lorsque la matière électrique se porte d'un corps sur un autre, en passant par un conducteur suffisant, elle ne manifeste son passage par aucun signe apparent; mais lorsqu'elle traverse l'air ou tout autre corps non conducteur, elle sépare ses parties et le déchire : elle apparaît alors comme un trait lumineux, et fait entendre un bruit plus ou moins considérable. Le vide qu'elle forme en écartant l'air ne se fermant pas avec une vitesse aussi grande que celle avec laquelle la matière électrique se meut, celle-ci a le temps d'abandonner les parties les plus éloignées des conducteurs pour venir se précipiter dans ce vide, qui est lui-même un conducteur, et de s'échapper. C'est par cette raison qu'un conducteur se décharge aussi bien à travers l'air, quand il y a étincelle, que par le contact instantané d'un conducteur en communication avec le sol.

Un courant de matière électrique, lumineux ou non, est toujours accompagné de chaleur, dont l'intensité dépend de celle du courant. Cette chaleur est suffisante pour rougir, fondre ou disperser un fil métallique convenablement mince;

mais elle élève à peine la température d'une barre métallique, à cause de sa trop grande masse. C'est par la chaleur propre à un courant de matière électrique, et aussi par celle qui se dégage de l'air refoulé par la foudre, que celle-ci met si souvent le feu aux édifices.

On n'a pas encore d'exemple que la foudre ait fondu, ou même fait rougir une barre de fer de 13 à 14 millimètres (6 lignes en carré), ou un cylindre de ce diamètre (1). Il suffirait donc,

---

(1) Nous avons vu plusieurs tiges de paratonnerres qui avaient été foudroyées, et dont l'extrémité était fondue jusqu'à une épaisseur de 3 à 4 millimètres (1, 3 à 1, 8 lig.). Cependant la fusion peut pénétrer beaucoup plus avant, et Franklin, dans une lettre à Landriani, en cite un exemple d'autant plus remarquable, qu'il s'est présenté dans sa maison même.

« Je trouve, dit Franklin, à mon retour à Philadelphie, que le nombre des conducteurs y est fort augmenté, l'utilité en ayant été démontrée par plusieurs épreuves de leur efficacité à préserver les bâtiments de la foudre. Entre autres exemples, ma maison fut un jour frappée d'un violent coup de tonnerre. Les voisins s'en étant aperçus accoururent sur-le-champ pour y porter du secours, en cas que le feu y eût pris; mais il n'y avait eu aucun dommage, et ils trouvèrent seulement la famille fort effrayée de la violence de la commotion.

» En faisant, l'année dernière, quelque augmentation au bâtiment, on fut obligé d'enlever le conducteur. J'ai trouvé, en l'examinant, que la pointe de cuivre, qui avait, quand on l'a placée, neuf pouces de long et environ un tiers de pouce de diamètre dans sa partie la plus épaisse, avait été presque entière-

pour construire un paratonnerre, de prendre une barre de fer qui aurait ces dimensions : mais sa tige, devant s'élever dans l'air à une hauteur de 5 à 10 mètres (15 à 30 pieds), n'aurait pas à sa base une force suffisante pour résister à l'action du vent, et il est nécessaire de lui donner en cet endroit une épaisseur beaucoup plus considérable.

Quant au conducteur du paratonnerre, une barre de fer de 16 à 20 millimètres (7 à 9 lignes) en carré est suffisante. On pourrait même le faire plus petit et se servir d'un simple fil métallique, pourvu qu'arrivé à la surface du sol, on le réunît à une barre métallique de 10 à 13 millimètres (5 à 6 lignes) en carré, qui s'enfonçât dans l'eau ou dans une couche humide. Le fil, à la vérité, serait sûrement dispersé par la foudre; mais il lui aurait tracé sa direction jusque dans le sol et l'aurait empêchée de se porter sur les corps environnants. Au reste, il sera toujours préférable de donner au conducteur une grosseur suffisante pour que la foudre ne puisse jamais le détruire, et nous ne proposons de le réduire à un fil de métal que pour diminuer les frais de construction

ment fondue, et qu'il en était resté fort peu attaché à la verge de fer, de sorte qu'avec le temps l'invention a été de quelque utilité à l'inventeur, et a ajouté un avantage au plaisir d'avoir été utile aux autres. »

des paratonnerres et les mettre à portée de toutes les fortunes.

Le bruit que la foudre fait entendre cause ordinairement beaucoup d'effroi, et cependant tout danger est déjà passé : il n'en existe même plus pour une personne qui a vu l'éclair; car si elle devait être foudroyée, elle ne verrait ni n'entendrait le coup qui serait prêt à la frapper. Le bruit ne vient jamais qu'après l'éclair, et il s'écoule autant de secondes entre l'apparition de l'éclair et le bruit qui le suit, qu'il y a de fois 340 mètres (174,5 toises) entre le lieu où l'on est et celui où la foudre a éclaté.

La foudre tombe souvent sur les arbres isolés, parceque ceux-ci, s'élevant à une grande hauteur et enfonçant profondément leurs racines dans le sol, sont de véritables paratonnerres, mais leur abri est souvent fatal aux personnes qui le cherchent. Ils n'offrent pas en effet à la foudre un écoulement assez prompt dans le sol, et ils sont plus mauvais conducteurs que l'homme et les animaux (1). La foudre, parvenue à leur pied, se partage entre les conducteurs qu'elle

(1) La preuve que la foudre ne trouve pas dans les arbres un écoulement suffisant dans le sol, c'est qu'elle les brise ou les déchire presque toujours; ce qui n'arriverait pas s'ils étaient meilleurs conducteurs. Elle se glisse ordinairement entre l'écorce et l'aubier, parceque c'est là que se trouve le plus d'humidité et qu'elle rencontre en même temps moins de résistance.

rencontre, ou en évite quelques uns, suivant qu'elle est pressée dans son écoulement ; et on l'a vue souvent faire périr tous les animaux réfugiés sous un arbre, et d'autres fois en frapper seulement un seul. L'eau est aussi un plus mauvais conducteur que les animaux, sans doute en raison des sels que renferment leurs liquides, et l'on peut foudroyer et faire périr des animaux qui y seraient entièrement plongés.

Un paratonnerre, pourvu qu'il soit en parfaite communication avec le sol, offre au contraire un abri très sûr contre la foudre ; car celle-ci ne l'abandonnera jamais pour se porter sur un homme placé à son pied : cependant, dans la crainte de quelque solution de continuité ou d'une communication imparfaite avec un sol humide, il sera très prudent de s'en écarter.

Dans les campagnes, et souvent même dans les villes, on sonne les cloches aux approches d'un orage, pour l'écarter, et fendre, dit-on, la nuée orageuse ; on cherche aussi un abri contre la foudre dans les églises et dans les clochers : mais cette habitude, comme le prouve l'expérience, a souvent les suites les plus funestes. Il est certain, en effet, que le tonnerre tombe fréquemment aussi bien sur les clochers où l'on sonne que sur ceux où l'on ne sonne pas (1);

(1) Il paraîtrait même que la foudre tombe plus fréquem-

et, dans le premier cas, les sonneurs sont en danger d'être foudroyés, à cause des cordes qu'ils tiennent dans leurs mains, et qui peuvent conduire la foudre jusqu'à eux. Les églises n'offrent pas un abri beaucoup plus sûr que les clochers, soit parceque ceux-ci, après avoir attiré la foudre sur eux, en raison de leur élévation, sans pouvoir toujours la conduire dans le sol, laissent les églises exposées à son action, soit parceque des individus rassemblés forment un grand conducteur sur lequel la foudre se jette de préférence aux objets environnants. La prudence commande donc, tant que les clochers et les églises ne seront pas armés de paratonnerres, de ne point s'y rassembler pendant un orage; et pour citer une preuve frappante du danger qu'il y a à le faire, nous donnerons la relation des malheurs arrivés à Châteauneuf-les-Moustiers, le 11 juillet 1819, par l'effet du tonnerre, telle

---

ment sur les clochers où l'on sonne que sur ceux où l'on ne sonne pas. En 1718, M. Deslandes fit savoir à l'académie royale des sciences que, la nuit du 14 au 15 avril de la même année, le tonnerre était tombé sur vingt-quatre églises, depuis Landerneau jusqu'à Saint-Pol-de-Léon, en Bretagne; que ces églises étaient précisément celles où l'on sonnait, et que la foudre avait épargné celles où l'on ne sonnait pas; que, dans celle de Gouesnon, qui fut entièrement ruinée, le tonnerre tua deux personnes des quatre qui sonnaient. (*Histoire de l'Académie royale des sciences*, 1719.)

qu'elle a été communiquée à l'académie royale des sciences par M. Trencalye, vicaire-général de Digne (1).

---

(1) Il y a un village appelé Châteauneuf, dans l'arrondissement de Digne, département des Basses-Alpes, au sud-est et limitrophe de la petite ville de Moustiers, connue par une manufacture de faïence dont l'émail et la qualité justifient la préférence qu'on lui accorde sur toutes celles du royaume. Il est situé au sommet et à l'extrémité de l'une des premières montagnes des Alpes, qui forment un amphithéâtre sur Moustiers. Il consiste en quatorze maisons réunies au presbytère et à l'église paroissiale, sur une éminence coupée par les angles de deux autres montagnes, l'une au levant et l'autre au couchant. L'intervalle qui sépare le village de la montagne du levant est si étroit et si profond, que l'aspect en est effrayant. Cent cinq habitations sont dispersées en hameaux, presque tous sur le penchant de la montagne du levant, et forment une population de cinq cents âmes.

Le 11 juillet 1719, jour de dimanche, M. Salomé, curé de Moustiers et commissaire épiscopal, alla à Châteauneuf pour y installer un nouveau recteur. Vers les dix heures et demie, on se rendit en procession de la maison curiale à l'église. Le temps était beau, on remarquait seulement quelques gros nuages. La messe fut commencée par le nouveau recteur.

Un jeune homme de dix-huit ans, qui avait accompagné le curé de Moustiers, chantait l'épître, lorsqu'on entendit trois détonations de tonnerre qui se succédèrent avec la rapidité de l'éclair. Le missel lui fut enlevé des mains et mis en pièces; il se sentit lui-même serré étroitement au corps par la flamme, qui le prit de suite au cou. Alors, par un mouvement involontaire, ce jeune homme, qui avait d'abord jeté de grands cris, ferma la

On sait que lorsque la foudre tombe sur un bâtiment, elle se porte de préférence sur les tuyaux de cheminée, soit parcequ'ils en sont ordinairement les parties les plus élevées, soit

---

bouche, fut renversé, roulé sur les personnes rassemblées dans l'église, qui toutes avaient été terrassées et jetées ainsi hors la porte. Revenu à lui, sa première idée fut de rentrer dans l'église, pour se rendre auprès de M. le curé de Moustiers, qu'il trouva asphyxié et sans connaissance. Ce jeune homme fixa sur ce respectable et infortuné pasteur l'attention et les soins de ceux qui, légèrement blessés, pouvaient donner du secours. On le releva, on éteignit la flamme de son surplis, et, par le moyen du vinaigre, on le rappela à la vie, environ deux heures après son étourdissement. Il vomit beaucoup de sang. Il assura n'avoir pas entendu le tonnerre et n'avoir rien su de ce qui se passait. On le porta au presbytère. Le fluide électrique avait touché fortement la partie supérieure du galon d'or de son étole, coulé jusqu'au bas, enlevé un de ses souliers qu'il porta à l'extrémité de l'église, et brisé la boucle de métal. Le siége sur lequel il était assis fut aussi brisé.

Le surlendemain, M. le curé fut transporté dans son presbytère à Moustiers, pour être pansé de ses blessures, qui n'ont été cicatrisées que deux mois après. Il avait une escarre de plusieurs travers de doigt à l'épaule droite; une autre s'étendant du milieu postérieur du bras du même côté jusqu'à la partie moyenne et extérieure de l'avant-bras; une troisième escarre profonde partait de la partie moyenne et postérieure du bras gauche, et allait jusqu'à la partie moyenne de l'avant-bras du même côté; une quatrième, plus superficielle et moins étendue, au côté externe de la partie inférieure de la cuisse gauche, et une cinquième sur la lèvre supérieure jusqu'au nez. Il a été fatigué

parcequ'ils sont tapissés de suie, qui est un meilleur conducteur que le bois sec, la pierre ou la brique. Le voisinage d'une cheminée est par conséquent l'endroit le moins sûr, dans un appar-

---

d'une insomnie absolue pendant près de deux mois; il a eu les bras paralysés, et souffre des différentes variations de l'atmosphère.

Un jeune enfant fut enlevé des bras de sa mère et porté à six pas plus loin. On ne le rappela à la vie qu'en lui faisant respirer le grand air. Tout le monde avait les jambes paralysées. Toutes les femmes, échevelées, offraient un spectacle horrible. L'église fut remplie d'une fumée noire et épaisse : on ne pouvait distinguer les objets qu'à la faveur des flammes des parties des vêtements allumées par la foudre.

Huit personnes restèrent sur place. Une fille de dix-neuf ans fut transportée sans connaissance à sa maison, et expira le lendemain matin, en proie aux douleurs les plus horribles, à en juger par ses hurlements : de sorte que le nombre des personnes mortes est de neuf; celui des blessés est de quatre-vingt-deux.

Le prêtre célébrant ne fut point atteint de la foudre, sans doute parcequ'il avait un ornement de soie.

Tous les chiens qui étaient dans l'église furent trouvés morts dans l'attitude qu'ils avaient auparavant.

Une femme qui était dans une cabane, à la montagne de Barbin, au couchant de Châteauneuf, vit tomber successivement trois masses de feu qui semblaient devoir réduire ce village en cendres.

Il paraît que la foudre frappa d'abord la croix du clocher qu'on trouva plantée dans la fente d'un rocher, à une distance de seize mètres. Le feu électrique pénétra ensuite dans l'é-

tement, contre les atteintes de la foudre ; il est préférable de se tenir dans une encognure opposée aux croisées, loin des ferrements de toute espèce un peu considérables.

Les effets de la foudre sont des plus variés et des plus bizarres en apparence; mais néanmoins ils s'expliquent tous facilement par quelques faits généraux qu'il sera utile de rassembler ici.

La foudre, ou, ce qui est la même chose, la matière électrique, en vertu de la répulsion de ses molécules, est douée d'une force mécanique qui peut lui faire vaincre la pression de l'air ou des liquides, et fendre ou briser les corps solides non conducteurs.

La foudre choisit toujours le meilleur conducteur; s'il lui offre un écoulement facile, comme, par exemple, une barre métallique, elle ne lui fera éprouver aucune altération sensible. Si le conducteur, tel qu'un fil métallique, n'a pas une capacité suffisante, elle le dissipe en vapeurs,

---

glise par une brèche qu'il fit à la voûte, à la distance d'un demi-mètre de celle par où passe la corde d'une cloche. La chaire fut écrasée. On trouva dans l'église une excavation d'un demi-mètre de diamètre, prolongée sous les fondements du mur jusque sur le pavé de la rue, et une autre qui entrait sous les fondements d'une écurie qui est en dessous, et où l'on trouva morts cinq moutons et une jument.

On sonnait les cloches quand la foudre tomba sur l'église. (*Annales de chimie et de physique*, tome XII, page 354.)

éclate dans l'air, et se crée un vide qui lui sert de conducteur. Si le corps frappé par la foudre n'est pas conducteur, ou ne l'est qu'imparfaitement, ou si enfin il oppose une résistance convenable à la séparation de ses parties, la foudre éclatera entre l'air et sa surface, qu'elle blessera plus ou moins profondément le long de son trajet. On voit ainsi souvent des individus foudroyés sans être tués, parceque la foudre glisse sur leur corps sans y pénétrer en totalité, et on en voit d'autres qui sont entièrement défendus de ses atteintes par un vêtement de soie, qui l'isole de leur corps et l'empêche d'y pénétrer.

Quand la foudre éclate de l'air sur un métal, et réciproquement d'un métal dans l'air, elle détermine souvent la fusion du métal dans l'endroit par où elle y entre, et dans celui par lequel elle en sort, parceque, ramassée par l'air qui la presse, son action en devient plus énergique. C'est par cette raison qu'on observe quelquefois des traces de fusion sur les angles, les arêtes et même les faces d'un gros conducteur métallique, dans les endroits où il y a des solutions de continuité, et où elle éclate.

La foudre, après avoir suivi un conducteur qui vient à lui manquer et qui pénètre dans un corps non conducteur, brise ordinairement ce dernier, et se fait un vide qui lui procure un écoulement facile. Ainsi les pièces métalliques scellées dans un mur tombent, privées par la foudre de leur support, et sont projetées par l'air en mouvement qui vient remplir le vide qu'elle laisse.

Lorsque des portions de conducteurs métalliques sont isolées les unes des autres par un milieu peu ou point conducteur, la foudre visite successivement toutes celles qui sont sur son chemin et qui offrent le moins de résistance à son écoulement dans le sol, attirée successivement par chacune d'elles. Invisible dans les portions métalliques, mais devenant visible en éclatant de l'une à l'autre, elle forme un trait lumineux, qui paraîtra continu si les solutions de continuité des conducteurs sont dans un rapport convenable avec leur longueur.

La foudre est toujours accompagnée de chaleur : elle rougit, fond et volatilise les conducteurs métalliques d'un petit diamètre ; mais des barres de 12 à 20 millimètres (5 à 9 lignes) de côté n'éprouvent rien de semblable. Il serait par conséquent imprudent de se servir de conducteurs très minces pour diriger la foudre à travers des milieux inflammables ; il faut au contraire employer des conducteurs assez gros pour qu'ils ne puissent pas même s'échauffer sensiblement.

C'est par la chaleur qui est propre à la foudre, et par celle qu'elle dégage de l'air ou des corps qu'elle traverse, en les refoulant, qu'elle met le feu à toutes les matières ténues susceptibles d'une prompte inflammation, comme le foin, la paille, le coton, etc. Il est plus rare de la voir enflammer les matières compactes, telles que les bois, à moins qu'ils ne soient vermoulus, soit qu'elle les déchire, ou qu'elle glisse sur leur surface, parceque son action est trop instantanée. C'est ainsi qu'on peut concevoir que la foudre met le feu à des vêtements légers, aux cheveux, sur un individu sur le corps duquel elle glisse, sans pourtant lui causer elle-même, très souvent, aucun sentiment de brûlure. C'est encore par une cause semblable qu'elle dissipe en vapeurs la dorure des lambris dorés sans les enflammer.

La foudre fait périr les animaux, soit en lésant les organes et le système vasculaire, soit en paralysant le système nerveux; leur putréfaction s'opère très promptement, mais de la même manière que celle de tous les animaux frappés d'une mort subite quelconque. L'acescence du lait et la corruption des chairs, plus promptes par des temps d'orage que par des temps ordinaires, paraissent dues, d'une part, à la température élevée qui règne alors, et de l'autre aux courants de matière électrique auxquels ces corps sont exposés, et qu'on sait être un agent puissant de décomposition.

PARTIE PRATIQUE.

Détails relatifs à la construction des paratonnerres.

Un paratonnerre est une barre métallique *ABCDEF* (pl. I, fig. 1) s'élevant au-dessus d'un édifice, et descendant, sans aucune solution de continuité, jusque dans l'eau d'un puits ou dans un sol humide. On donne le nom de *tige* à sa partie verticale *BA*, qui se projette dans l'air au-dessus du toit, et celui de conducteur à la portion de la barre *BCDEF*, qui descend depuis le pied *B* de la tige jusque dans le sol.

De la tige.

La tige est une barre de fer carrée *BA*, amincie de sa base à son sommet, en forme de pyramide. Pour une hauteur de 7 à 9 mètres (21 à 27 pieds), qui est la hauteur moyenne des tiges qu'on place sur les grands édifices, on lui donne à sa base de 54 à 60 millimètres de côté (24 à 26 lignes) : on lui donnerait 63 millimètres (28 lignes) si elle devait s'élever à 10 mètres (30 pieds) (1).

(1) La manière la plus avantageuse de faire une barre pyramidale est de souder bout à bout des morceaux de fer, chacun

Le fer étant très exposé à se rouiller par l'action de l'eau et de l'air, la pointe de la tige serait bientôt émoussée; pour obvier à cet inconvénient, on retranche de l'extrémité de la tige *AB* (fig. 2) une longueur *AH* d'environ 55 centimètres (20 pouces), et on la remplace par une tige conique de cuivre jaune, dorée à son extrémité, ou terminée par une petite aiguille de platine *AG* de 5 centimètres (2 pouces) de longueur (1). L'aiguille de platine est soudée, à la soudure d'argent, avec la tige de cuivre; et pour qu'elle ne puisse point s'en séparer, ce qui arriverait quelquefois malgré la soudure, on renforce l'ajustage par un petit manchon de cuivre, comme le montre la figure 3. La tige de cuivre se réunit à la tige de fer au moyen d'un goujon qui entre à vis dans toutes deux; il est d'abord fixé dans la tige de cuivre par deux goupilles à angle droit, et on le visse ensuite dans la tige de fer, dans laquelle il est aussi retenu par une goupille (*voyez C*, figure 4). On peut, sans aucune espèce d'inconvénient, ne point employer de platine et se contenter de la tige conique de cuivre, et même

---

d'environ 80 centimètres (2 pieds et demi) de longueur, et d'un calibre décroissant.

(1) On peut remplacer l'aiguille de platine par une aiguille faite avec l'alliage des monnaies d'argent, qui est composé de neuf parties d'argent et une de cuivre.

ne pas la dorer, si on n'en a pas la facilité sur les lieux. Le cuivre ne s'altère pas profondément à l'air ; et en supposant que sa pointe s'émoussât légèrement, le paratonnerre ne perdrait pas pour cela son efficacité.

Une tige de paratonnerre, de la dimension supposée, étant d'un transport difficile, on la coupe en deux parties *AI* et *IB* (fig. 2), au tiers ou aux deux cinquièmes environ de sa longueur à partir de sa base. La partie supérieure *AD* (fig. 4) s'emboîte exactement, par un tenon pyramidal *DF*, de 19 à 20 centimètres (7 à 8 pouces), dans la partie inférieure *EB*, et une goupille l'empêche de s'en séparer. On doit cependant, autant qu'on le pourra, ne faire la tige que d'une seule pièce, parcequ'elle en aura plus de solidité (1).

Au bas de la tige, à huit centimètres (3 pouces) du toit, est une embase *MN* (fig. 4), soudée au corps même de la tige ; elle est destinée à rejeter l'eau de pluie qui coulerait le long de la tige, et

---

(1) On fait la partie creuse *EG* (fig. 4) qui reçoit le tenon pyramidal *DF* de la manière suivante. On prend une forte feuille de fer que l'on roule en cylindre, et que l'on soude en *G* avec la barre *BG* ; ensuite, au moyen d'un mandrin de la forme que doit avoir le tenon, et de chauffes successives, on parvient facilement à réunir ses deux bords, et à lui donner, tant intérieurement qu'extérieurement, la forme pyramidale.

à l'empêcher de s'infiltrer dans l'intérieur du bâtiment, et de pourrir les bois de la toiture (1).

Immédiatement au-dessus de l'embase, la tige est arrondie sur une étendue d'environ 5 centimètres (2 pouces), pour recevoir un collier brisé à charnière *O*, portant deux oreilles, entre lesquelles on serre l'extrémité du conducteur du paratonnerre, au moyen d'un boulon; on voit le plan de ce collier en *P*, au-dessous de la tige. Au lieu du collier, on peut faire un étrier carré qui embrasse étroitement la tige; on en voit la projection verticale en *Q* (fig. 5), et le plan en *R* (fig. 6), ainsi que la manière dont il se réunit avec le conducteur. Enfin, on peut encore, pour diminuer le travail, souder un tenon *T* (fig. 7) à la place du collier; mais il faut avoir soin de ne pas affaiblir la tige en cet endroit, qui est celui où elle doit opposer le plus de résistance, et le collier ou l'étrier sont préférables.

La tige du paratonnerre se fixe sur le toit des bâtiments, selon les localités. Si elle doit être posée au-dessus d'une ferme *B* (fig. 7 et 8), on perce le faîtage d'un trou dans lequel on fait passer son pied, et on l'assujettit contre le poinçon au moyen de plusieurs brides, comme on

(1) Pour faire l'embase, on soude un anneau de fer sur la tige, et on l'étire circulairement sur l'enclume, en inclinant ses bords de manière à obtenir un cône tronqué très aplati.

le voit dans la figure. Cette disposition est très solide, et doit être préférée lorsque les localités le permettent.

Lorsqu'on ne peut fixer la tige que sur le faîtage en *A* (fig. 8), on le perce d'un trou carré de mêmes dimensions que le pied de la tige; et par-dessus et en dessous, on fixe, avec quatre boulons ou deux étriers boulonnés qui embrassent et serrent le faîtage, deux plaques de fer de 2 centimètres (9 lignes) d'épaisseur, portant chacune un trou correspondant à celui fait dans le bois. La tige s'appuie par un petit collet sur la plaque supérieure, contre laquelle on la presse fortement au moyen d'un écrou se vissant sur l'extrémité de la tige contre la plaque inférieure; la figure 9 montre le plan de l'une de ces plaques. Mais si on pouvait s'appuyer sur le lien *CD* (fig. 8), on souderait à la tige deux oreilles qui embrasseraient les faces supérieures et latérales du faîtage, et descendraient jusqu'au lien, sur lequel on les fixerait au moyen d'un boulon *E*.

Enfin, si le paratonnerre devait être placé sur une voûte, on le terminerait par trois ou quatre empatements ou par des contre-forts qu'on scellerait dans la pierre, comme d'ordinaire, avec du plomb.

Du conducteur du paratonnerre.

Le conducteur du paratonnerre est, comme on l'a dit, une barre de fer *BCDEF* (fig. 1) ou *B'C'D'E'F'*, partant du pied de la tige et se rendant dans le sol. On lui donne de 15 à 20 millimètres (7 à 8 lignes) en carré ; mais 15 millimètres (7 lignes) sont réellement suffisants. On la réunit solidement à la tige en la pressant entre les deux oreilles du collier *O* (fig. 4), au moyen d'un boulon ; ou bien on la termine par une fourchette *M* (fig. 6) qui embrasse la queue *N* de l'étrier, et on boulonne les deux pièces ensemble.

Le conducteur ne pouvant être d'une seule pièce, on réunit plusieurs barres bout à bout pour le former. La meilleure manière est celle représentée par la figure 10. Il est soutenu à 12 ou 15 centimètres (5 ou 6 pouces), parallèlement au toit, par des crampons à fourche, auxquels, pour empêcher l'infiltration de l'eau par leur pied dans le bâtiment, on donne la forme suivante.

Au lieu de se terminer en pointe, ils ont une patte (fig. 11 et 12) formée par une plaque mince de 25 centimètres de long sur 4 de large, à l'extrémité de laquelle s'élève la tige du crampon, en faisant avec la plaque, ou un angle droit (fig. 11), ou un angle égal à celui que forme le toit avec la verticale (fig. 12). La patte se glisse entre les ardoises ; mais, pour plus de solidité, on remplace par une lame de plomb l'ardoise sur laquelle elle reposerait, et on cloue ensemble, au-dessus d'un chevron, cette lame et la patte du crampon. Le conducteur est retenu dans chaque fourchette par une goupille rivée, et les crampons sont placés à environ 3 mètres les uns des autres.

Le conducteur, après s'être replié sur la corniche du bâtiment (fig. 1) sans la toucher, s'applique contre le mur, le long duquel il doit descendre dans le sol, et se fixe au moyen de crampons que l'on fiche ou que l'on scelle dans la pierre. Arrivé en *D* ou en *D'* dans le sol, à 50 ou 55 centimètres (18 ou 20 pouces) au-dessous de sa surface, il se recourbe perpendiculairement au mur suivant *DE* ou *D'E'*, se prolonge dans cette nouvelle direction l'espace de 4 à 5 mètres (12 à 15 pieds), et s'enfonce ensuite dans un puits *EF*, ou dans un trou *E'F'* fait dans la terre, de la profondeur de 4 à 5 mètres (12 à 15 pied) si l'on ne rencontre pas l'eau, mais moins si on la rencontre plus tôt.

Le fer enfoncé dans le sol, en contact immédiat avec la terre et l'humidité, se couvre d'une rouille qui gagne peu à peu son centre, et finit par le détruire. On évite cette altération en faisant courir le conducteur dans un auget rempli de charbon *DE* ou *D'E'*, qu'on a représenté plus en grand dans la figure 13. On construit l'auget de la manière suivante.

Après avoir fait une tranchée dans le sol, de 55 à 60 centimètres (20 à 22 pouces) de profondeur, on y pose un rang de briques à plat, sur le bord desquelles on en place d'autres de champ ; on met une couche de *braise de boulanger* de l'épaisseur de 3 à 4 centimètres (1 à 1 ½ pouce) sur les briques du fond ; on pose le conducteur *DE* par-dessus; on achève de remplir l'auget de braise, et on le ferme par un rang de briques. La tuile, la pierre ou le bois, peuvent également être employés pour former l'auget. On a l'expérience que le fer, ainsi enveloppé de charbon, n'éprouve aucune altération dans l'espace de trente années. Mais le charbon n'a pas seulement l'avantage d'empêcher le fer de se rouiller dans la terre; comme il conduit très bien la matière électrique quand il a été rougi (et c'est pour cela que nous avons recommandé d'employer la braise de boulanger), il facilite l'écoulement de la foudre dans le sol.

Le conducteur, sortant de l'auget dont on vient de parler, perce le mur du puits dans lequel il doit descendre, et s'immerge dans l'eau de manière à y rester plongé de 65 centimètres (2 pieds) au moins dans les plus basses eaux. Son extrémité se termine ordinairement par deux ou trois racines, pour faciliter l'écoulement de la matière électrique du conducteur dans l'eau. Si le puits est placé dans l'intérieur du bâtiment, on percera le mur de ce dernier au-dessous du sol, et on dirigera par l'ouverture qu'on aura faite le conducteur dans le puits.

Lorsqu'on n'a pas de puits à sa disposition pour y faire descendre le conducteur du paratonnerre, on fait dans le sol, avec une tarière de 13 à 16 centimètres (5 à 6 pouces) de diamètre, un trou de 3 à 5 mètres (9 à 15 pieds) de profondeur; on y fait descendre le conducteur, en le tenant à égale distance de ses parois, et on remplit l'espace intermédiaire avec de la braise que l'on comprime autant que possible. Mais lorsqu'on voudra ne rien épargner pour établir un paratonnerre, nous conseillons de creuser un trou beaucoup plus large *E'F'* (fig. 1), au moins de 5 mètres de profondeur, à moins qu'on ne rencontre l'eau plus tôt; de terminer l'extrémité du conducteur par plusieurs racines, de les envelopper de charbon si elles ne plongent pas dans l'eau, et d'en entourer de même le conducteur au moyen d'un auget de bois que l'on en emplira.

Dans un terrain sec, comme, par exemple, dans un roc, on donnera à la tranchée qui doit recevoir le conducteur une longueur au moins double de celle qui a été indiquée pour un terrain ordinaire, et même davantage, s'il était possible d'arriver jusque dans un endroit humide. Si les localités ne permettent pas d'étendre la tranchée en longueur, on en fera d'autres transversales, comme on le voit en *A* (pl. II, fig. 17 et 18), dans lesquelles on placera de petites barres de fer entourées de braise, que l'on fera communiquer avec le conducteur. Dans tous les cas, l'extrémité de ce dernier doit s'enfoncer dans un large trou, s'y diviser en plusieurs racines, et être recouverte de braise ou de charbon qui aura été rougi.

En général, on doit faire les tranchées pour le conducteur dans l'endroit le plus humide autour du bâtiment, les placer par conséquent dans les lieux les plus bas, et diriger au-dessus les eaux pluviales, afin de les tenir dans un état plus constant d'humidité. On ne saurait trop prendre de précautions pour procurer à la foudre un prompt écoulement dans le sol; car c'est principalement de cette circonstance que dépend l'efficacité des paratonnerres.

Les barres de fer qui forment le conducteur présentant, en raison de leur rigidité, quelque difficulté pour leur faire suivre les contours d'un bâtiment, on a imaginé de les remplacer par des cordes métalliques, qui, indépendamment de leur flexibilité, ont encore l'avantage d'éviter les raccords et de diminuer les chances de solution de continuité. On réunit quinze fils de fer pour faire un toron, et quatre de ces torons forment la corde, qui alors a 16 à 18 millimètres (7 à 8 lignes) de diamètre. Pour prévenir sa destruction par l'air et l'humidité, chaque toron est goudronné séparément, et la corde l'est ensuite avec beaucoup de soin. On l'attache à la tige du paratonnerre de la même manière que le conducteur fait avec des barres de fer; c'est-à-dire qu'on la pince fortement au moyen d'un boulon entre les deux oreilles du collier *B* (fig. 15), qui sont un peu concaves et hérissées de quelques pointes pour mieux embrasser et retenir la corde. Les crampons qui la supportent sur le toit, au lieu d'être terminés en fourche, le sont par un anneau *O* (fig. 12) dans lequel passe la corde. Parvenue à 2 mètres (6 pieds) du sol, on la réunit à une barre de fer de 15 à 25 millimètres (6 à 9 lignes) en carré qui termine le conducteur, comme on le voit en *C* (fig. 16), car dans le sol la corde serait promptement détruite. On assure que des cordes ainsi employées n'ont pas éprouvé d'altération sensible dans l'espace de trente années. Néanmoins, comme il est incontestable que les barres de fer bien assemblées sont beaucoup moins destructibles, nous conseillons de leur donner la préférence, autant qu'on le pourra. Si les localités obligeaient à employer des cordes, on pourrait les faire en fil de cuivre ou de laiton, qui est beaucoup moins destructible, et qui, étant aussi meilleur conducteur, permettrait de ne donner aux cordes que 16 millimètres (6 lignes) de diamètre.

C'est surtout pour les clochers que les cordes métalliques peuvent être d'une grande utilité, à cause de la facilité de leur pose.

Si le bâtiment que l'on arme d'un paratonnerre renferme des pièces métalliques un peu considérables, comme des lames de plomb qui recouvrent le faîtage et les arêtes du toit, des gouttières en métal, de longues barres de fer pour assurer la solidité de quelque partie du bâtiment, il sera nécessaire de les faire toutes communiquer avec le conducteur du paratonnerre; mais il suffira d'employer pour cet objet des barres de 8 millimètres (3 lignes) de côté, ou du fil de fer d'un égal diamètre. Si cette réunion n'avait pas lieu, et que le conducteur renfermât quelque solution de continuité, ou qu'il ne communiquât pas très librement avec le sol, il serait possible que la foudre se portât avec fracas du paratonnerre sur quelqu'une des parties métalliques. Plusieurs accidents ont eu lieu par cette cause; nous en avons cité deux exemples à la page 2 de cette instruction (1).

Paratonnerres pour les églises.

Le paratonnerre dont on vient de donner les

(1) Nous devons plusieurs des détails de construction que nous venons de donner, à M. Mérot, habile constructeur de paratonnerres, qui, à notre demande, nous a communiqué avec empressement les résultats de sa pratique.

détails de construction, et que l'on a pris pour type, est applicable à toute espèce de bâtiments, aux tours, aux dômes, aux clochers et aux églises, avec de très légères modifications.

Sur une tour, la tige du paratonnerre doit s'élever de 5 à 8 mètres (15 à 24 pieds), suivant l'étendue de sa plate-forme; 5 mètres suffiront pour les plus petites, et 8 pour les plus grandes.

Les dômes et les clochers, dominant ordinairement de beaucoup les objets circonvoisins, un paratonnerre placé à leur sommet en tire un très grand avantage pour étendre son influence au loin, et n'a pas besoin, pour les protéger, de s'élever à la même hauteur que sur les édifices terminés par un toit très étendu. D'un autre côté, l'impossibilité d'établir solidement des tiges de 7 à 8 mètres (21 à 24 pieds) à leur sommet, sans des dépenses considérables, doit faire renoncer à en employer dans ces dimensions. Nous conseillons donc, pour des dômes, et principalement des clochers, de n'employer que des tiges minces, s'élevant de 1 à 2 mètres (3 à 6 pieds) au-dessus des croix qui les terminent. Ces tiges étant alors très légères, il sera facile de les fixer solidement à la tête des croix, sans que la forme de ces dernières paraisse altérée de loin, et sans que le mouvement des girouettes qu'elles portent ordinairement en soit gêné.

Nous pensons même que, pour peu qu'on

éprouve des difficultés à placer ces tiges sur un dôme ou sur un clocher, on peut les supprimer entièrement. Il suffira, pour défendre ces édifices des atteintes de la foudre, d'établir, comme pour le cas où ils sont armés de tiges, une communication très intime entre le pied de chaque croix et le sol. Cette disposition, qui est très peu dispendieuse, et qui offre également une très grande sûreté, sera surtout avantageuse pour les clochers des petites communes rurales. La figure 23 représente un clocher sans tige de paratonnerre, dont la croix est en communication avec le sol, au moyen d'un conducteur partant de son pied; et la figure 24 offre un clocher surmonté d'une tige attachée à sa croix.

Quant aux églises, lorsqu'elles ne seront pas protégées par le paratonnerre de leur clocher, il sera nécessaire de les armer avec des tiges de 5 à 8 mètres (15 à 24 pieds) de haut, semblables à celle qui a été décrite pour un édifice aplati (1).

---

(1) La figure 25, planche 1re, représente la tige d'un paratonnerre fait avec luxe, comme on en place sur quelques bâtiments : elle porte une girouette en forme de flèche, mobile sur des galets, pour rendre son mouvement plus doux, qui fait connaître la direction du vent au moyen de lignes fixes orientées N. S. O. E.; à sa base est un socle en cuivre mince, dont la forme est arbitraire.

Paratonnerres pour les magasins à poudre et les poudrières.

La construction des paratonnerres pour les magasins à poudre et les poudrières ne diffère pas essentiellement de celle qui a été décrite comme type pour toute espèce de bâtiment ; on doit seulement redoubler d'attention pour éviter la plus légère solution de continuité, et ne rien épargner pour établir entre la tige du paratonnerre et le sol la communication la plus intime. Toute solution de continuité donnant, en effet, lieu à une étincelle, le pulvérin qui voltige et se dépose partout dans l'intérieur et même à l'extérieur de ces bâtiments, serait enflammé, et pourrait propager son inflammation jusqu'à la poudre. C'est par ce motif qu'il serait très prudent de ne point placer les tiges sur les bâtiments mêmes, mais bien sur des mâts qui en seraient éloignés de 2 à 3 mètres (fig. 26, pl. II). Il sera suffisant de donner aux tiges 2 mètres de longueur, mais on donnera aux mâts une hauteur telle, qu'avec leur tige ils dominent les bâtiments au moins de 4 à 5 mètres. On fera aussi très bien de multiplier les paratonnerres plus qu'on ne le ferait partout ailleurs ; car ici les accidents sont des plus funestes. Si le magasin était très élevé, comme, par exemple, une tour, les mâts seraient d'une construction difficile et dispendieuse pour leur donner de la solidité : on se contenterait, dans ce cas, d'armer le bâtiment d'un double conducteur *ABC* (fig. 27), sans tige de paratonnerre, qu'on pourrait faire en cuivre. Ce conducteur, n'étendant pas son influence au-delà du bâtiment, ne pourraít attirer la foudre de loin, et il aurait cependant l'avantage de garantir le bâtiment de ses atteintes s'il en était frappé ; de sorte que ceux-là même qui rejettent les paratonnerres parcequ'ils croient qu'ils déterminent la foudre à tomber sur un bâtiment qu'elle eût épargné sans eux, ne pourraient faire aucune objection fondée contre la disposition qui vient d'être indiquée. On pourrait armer d'une manière semblable un magasin ordinaire ou tout autre bâtiment (fig. 28). A défaut de paratonnerres, des arbres élevés, disposés autour des bâtiments à 5 ou 6 mètres de leurs faces, les défendent efficacement de la chute de la foudre.

Paratonnerres pour les bâtiments de mer.

Pour un vaisseau (fig. 29), la tige du paratonnerre se réduit à la partie en cuivre *AC* (pl. I, fig. 4) qui a été décrite pour le paratonnerre type. Cette tige est vissée sur une verge de fer ronde *CB* (fig. 30), qui entre dans l'extrémité *I* de la flèche du mât de perroquet, et qui porte une girouette. Une barre de fer *MQ*, liée au pied de la verge, descend le long de la flèche et se termine par un crochet ou anneau *Q*, auquel s'attache le conducteur du paratonnerre, qui est ici une corde métallique; celle-ci est maintenue de distance en distance à un cordage *gg* (fig. 29), et, après avoir passé dans un anneau *b* fixé au porte-hauban, elle se réunit à une barre ou plaque de métal qui communique avec le doublage en cuivre du vaisseau. Sur les bâtiments de peu de longueur, on n'établit ordinairement qu'un paratonnerre au grand mât; sur les autres, on en met un second au mât de misaine. La figure 29 peut représenter également l'un ou l'autre de ces deux mâts, sur lesquels les paratonnerres sont établis exactement de la même manière.

Disposition générale des paratonnerres sur un édifice.

On admet, d'après l'expérience, qu'une tige de paratonnerre protège efficacement contre la foudre autour d'elle un espace circulaire d'un rayon double de sa hauteur. Ainsi, d'après cette règle, un bâtiment de 20 mètres (60 pieds) en long ou en carré n'aurait besoin, pour être défendu, que d'une seule tige de 5 à 6 mètres (15 à 18 pieds) de hauteur, élevée sur le milieu de son toit (fig. 14 et 17). Dans la figure 17, le conducteur est une corde métallique.

Un bâtiment de 40 mètres (120 pieds), d'après la même règle, serait défendu par une tige de 10 mètres (30 pieds), et on en place effectivement de semblables : mais il serait préférable, au lieu d'une seule tige, d'en élever deux de 5 à 6 mètres (15 à 18 pieds) de hauteur, et de les disposer de manière que l'espace autour d'elles fût également protégé de toute part, ce à quoi on parviendrait en les plaçant chacune à 10 mètres (30 pieds) de l'extrémité du bâtiment, et par conséquent à 20 mètres (60 pieds) l'une de l'autre (fig. 18). Pour trois ou un plus grand nombre de paratonnerres, on suivrait la même règle.

Les paratonnerres des tours et des clochers, en raison de leur grande élévation, doivent certainement étendre leur sphère d'action plus loin que s'ils étaient moins élevés : mais cette action s'étend-elle, comme on l'a supposé pour des tiges de 5 à 10 mètres, à une distance double de la hauteur de leur pointe au-dessus des objets qu'ils dominent? Il est possible qu'elle s'étende même plus loin ; mais l'expérience ne nous ayant encore rien appris à cet égard, il sera prudent d'armer les églises de paratonnerres, en admettant que ceux des clochers ne protègent efficacement autour d'eux qu'un rayon égal à leur hauteur au-dessus du faîtage de leur toit. Ainsi, le paratonnerre d'un clocher s'élevant de 30 mètres au-dessus du toit d'une église, ne le défendrait plus à 30 mètres de l'axe du clocher; et si le toit s'étendait au-delà, il serait nécessaire d'y placer des paratonnerres, d'après la règle que nous avons prescrite pour les édifices peu élevés (*Voyez* figures 19 et 20.)

Disposition générale des conducteurs des paratonnerres.

Quoique nous ayons déjà beaucoup insisté sur la condition d'établir une communication très intime entre la tige des paratonnerres et le sol, son importance nous détermine à la rappeler encore. Elle est telle, que, si elle n'était pas remplie, non seulement les paratonnerres perdraient beaucoup de leur efficacité, mais que même ils pourraient devenir dangereux, en appelant la foudre sur eux, quoique dans l'impuissance de la conduire dans le sol. Les autres conditions dont il nous reste à parler sont sans doute moins essentielles que cette dernière, mais elles n'en méritent pas moins qu'on y ait égard.

L'on doit toujours faire parvenir la foudre depuis la tige du paratonnerre jusque dans le sol par la voie la plus courte.

Conformément à ce principe, lorsqu'on placera deux paratonnerres sur un édifice, et qu'on leur donnera un conducteur commun, ce qui est en effet suffisant, on fera concourir en un point sur le toit, à égale distance de chaque tige, les portions des conducteurs qui ne peuvent être communes; et à partir de ce point, une barre de fer, de la même dimension que pour un seul paratonnerre, servira de conducteur aux deux. (*Voy.* fig. 18 et 19.)

Lorsqu'on aura trois paratonnerres sur un édifice, il sera prudent de leur donner deux conducteurs (fig. 20). En général, chaque paire de paratonnerres exige un conducteur particulier.

Quel que soit le nombre des paratonnerres placés sur un édifice, on les rendra tous solidaires, en établissant une communication intime entre les pieds de toutes leurs tiges, au moyen de barres de fer de mêmes dimensions que celles des conducteurs. (*Voyez* fig. 20, 21, 22.)

Lorsque les localités le permettront, on placera les conducteurs sur les murs des bâtiments qui font face au côté d'où viennent le plus fréquemment les orages dans chaque lieu. En effet, ces murs étant exposés à être mouillés par la pluie, deviennent des conducteurs, quoique imparfaits, en raison de la mince nappe d'eau qui les couvre: et si le conducteur du paratonnerre n'était pas en communication intime avec le sol, il serait possible que la foudre l'abandonnât pour se précipiter sur la face mouillée. Un autre motif encore, c'est que la direction de la foudre peut être déterminée par celle de la pluie, et qu'en outre la face mouillée peut, comme conducteur, appeler la foudre de préférence au paratonnerre. C'est surtout pour les clochers que cette observation est importante et qu'il est nécessaire d'y avoir égard.

Observations sur l'efficacité des paratonnerres.

Une expérience de cinquante années, sur l'efficacité des paratonnerres, démontre que, lorsqu'ils ont été construits avec les soins convenables, ils garantissent de la foudre les édifices sur lesquels ils sont placés. Dans les États-Unis d'Amérique, où les orages sont beaucoup plus fréquents et plus redoutables qu'en Europe, leur usage est devenu populaire; un très grand nombre de bâtiments ont été foudroyés, et l'on en cite à peine deux qu'ils n'aient pas mis entièrement à l'abri des atteintes de la foudre. Tout le monde sait que les parties métalliques sur un édifice sont frappées de préférence par la foudre, et ce fait seul démontre l'efficacité des paratonnerres, qui ne sont que des barres métalliques disposées de la manière la plus avantageuse, d'après les connaissances acquises sur la matière électrique par la théorie et l'expérience. La crainte d'une chute plus fréquente de la foudre sur les édifices armés de paratonnerres n'est pas fondée, car leur influence s'étend à une trop petite distance pour qu'on puisse croire qu'ils déterminent la foudre d'un nuage à se précipiter dans le lieu où ils sont établis. Il paraît au contraire certain, d'après l'observation, que les édifices armés de paratonnerres ne sont pas foudroyés plus fréquemment qu'avant qu'ils ne le fussent. D'ailleurs la propriété d'un paratonnerre d'attirer plus fréquemment la foudre, supposerait aussi celle de la transmettre librement dans le sol, et dès lors il ne pourrait en résulter aucun inconvénient pour la sûreté des édifices.

Nous avons recommandé l'usage des pointes aiguës pour les paratonnerres, parcequ'elles ont l'avantage sur les barres arrondies à leur extrémité, de verser continuellement dans l'air, sous l'influence du nuage orageux, un torrent de matière électrique de nature contraire à la sienne, qui doit très probablement se diriger vers celle du nuage, et en partie la neutraliser. Cet avantage n'est point du tout à négliger : car il suffit de connaître le pouvoir des pointes, et les expériences de Charles et de Romas avec un cerf-volant sous un nuage orageux, pour rester convaincu que les paratonnerres en pointe, s'ils étaient plus multipliés et placés sur des lieux élevés, diminueraient réellement la matière électrique des nuages et la fréquence de la chute de la foudre sur la surface de la terre.

Cependant, lorsque la pointe d'un paratonnerre aura été émoussée par la foudre ou par une cause quelconque, il ne faudra pas croire, parce-qu'elle aura perdu l'avantage dont on vient de parler, qu'elle ait aussi perdu son efficacité pour protéger le bâtiment qu'elle est destinée à défendre. Le docteur Rittenhouse rapporte qu'ayant souvent examiné et passé en revue, avec un excellent télescope de réflection, les pointes des paratonnerres de Philadelphie, où ils sont en grand nombre, il en a vu beaucoup dont les pointes étaient fondues; mais qu'il n'a jamais appris que les maisons où ces paratonnerres étaient établis eussent été frappées de la foudre depuis la fusion de leurs pointes. Or, cela n'aurait pas manqué d'arriver à quelques unes, au moins au bout d'un certain temps, si leurs paratonnerres n'avaient pas continué de bien faire leur fonction: car on sait par nombre d'observations, que, lorsque le tonnerre est tombé en quelque endroit, il n'est pas rare de l'y voir retomber encore.

Pour que le fruit que l'on doit retirer des paratonnerres soit aussi grand que possible, et que l'on puisse profiter de l'expérience acquise sur une localité, pour la faire tourner à l'avantage général, nous formons le vœu que S. Exc. le ministre de l'intérieur, après avoir ordonné l'exécution d'une mesure réclamée depuis longtemps, et dont elle sent toute l'utilité, invite les autorités locales à lui transmettre fidèlement tous les renseignements relatifs à la chute de la foudre sur un édifice armé de paratonnerres. Ces renseignements seraient la source d'améliorations importantes, et contribueraient, en faisant connaître les avantages d'un préservatif aussi simple et aussi sûr, à en rendre l'adoption plus générale.

Signé, POISSON, LEFÈVRE-GINEAU, GIRARD, DULONG, FRESNEL, et GAY-LUSSAC, *Rapporteur*.

L'académie approuve le rapport.

Certifié conforme :

Le secrétaire perpétuel pour les sciences mathématiques,

Baron FOURIER.

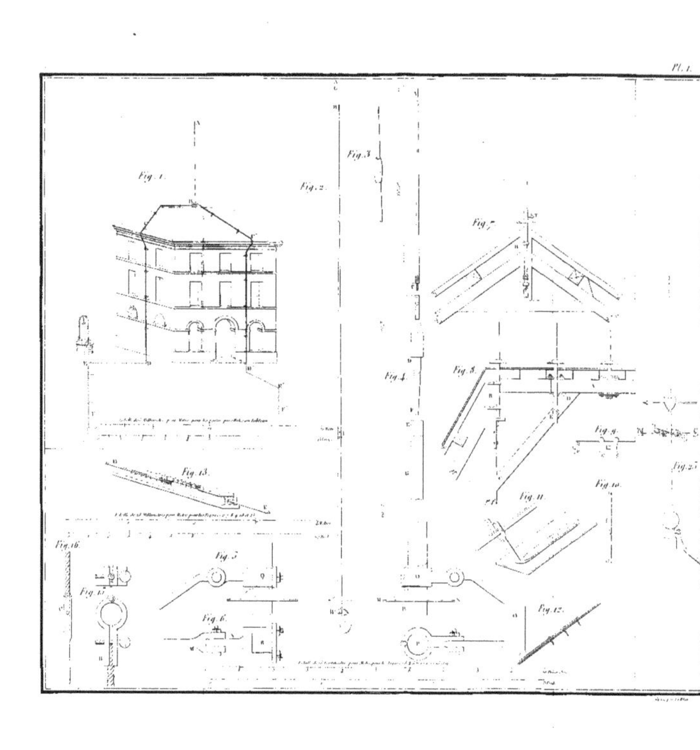
Pl. 1.
Fig. 1.
Fig. 2.
Fig. 3
Fig. 4.
Fig. 5
Fig. 6.
Fig. 7
Fig. 8.
Fig. 9.
Fig. 10.
Fig. 11.
Fig. 12.
Fig. 13.
Fig. 15
Fig. 16.

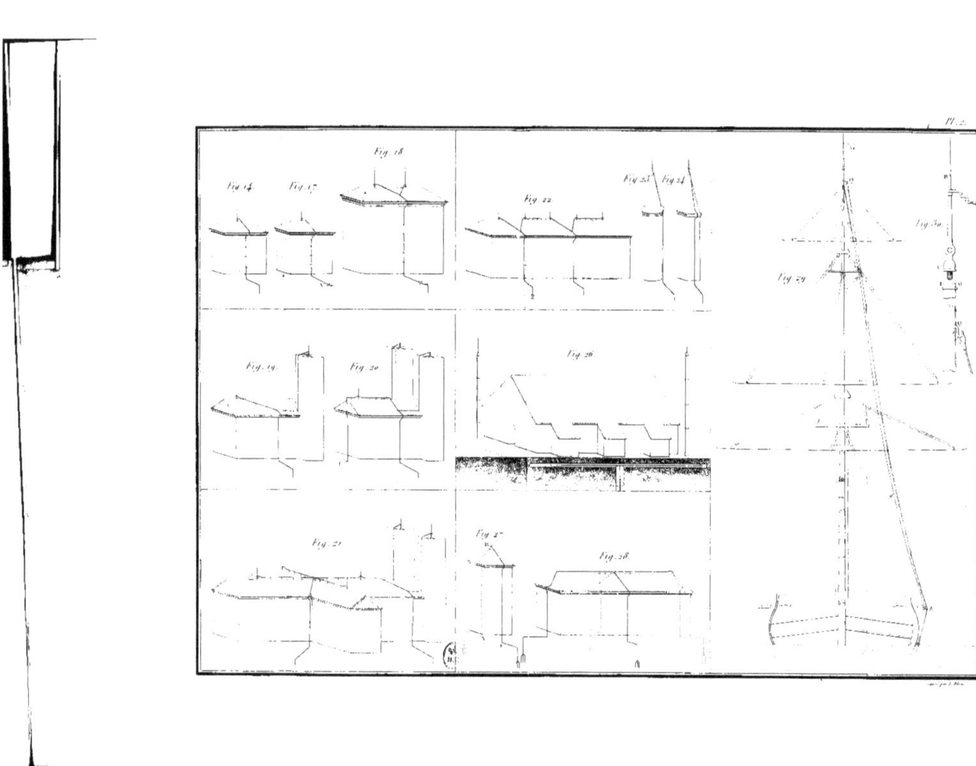
Pl. 2.
Fig. 14.
Fig. 17.
Fig. 18.
Fig. 22.
Fig. 23.
Fig. 24.
Fig. 19.
Fig. 20.
Fig. 26.
Fig. 29.
Fig. 30.
Fig. 21.
Fig. 28.

www.ingramcontent.com/pod-product-compliance
Ingram Content Group UK Ltd.
Pitfield, Milton Keynes, MK11 3LW, UK
UKHW021010180726
13838UKWH00004B/1507